PUBLICATION DE LA RÉUNION DES OFFICIERS

CONSEILS PRATIQUES
AUX JEUNES OFFICIERS
POUR
LA PRÉPARATION DU FANTASSIN
AU SERVICE EN CAMPAGNE

PAR LE CAPITAINE PERIZONIUS

Trad. de l'allemand

PAR A. C.

Lieut. au 55e de ligne

PARIS
CH. TANERA, ÉDITEUR
LIBRAIRIE POUR L'ART MILITAIRE ET LES SCIENCES
Rue de Savoie, 6

1873

CONSEILS PRATIQUES

AUX JEUNES OFFICIERS

PUBLICATION DE LA RÉUNION DES OFFICIERS

CONSEILS PRATIQUES AUX JEUNES OFFICIERS

POUR

LA PRÉPARATION DU FANTASSIN

AU SERVICE EN CAMPAGNE

PAR LE CAPITAINE PERIZONIUS

Trad. de l'allemand

PAR A. C.

Lieut. au 55e de ligne

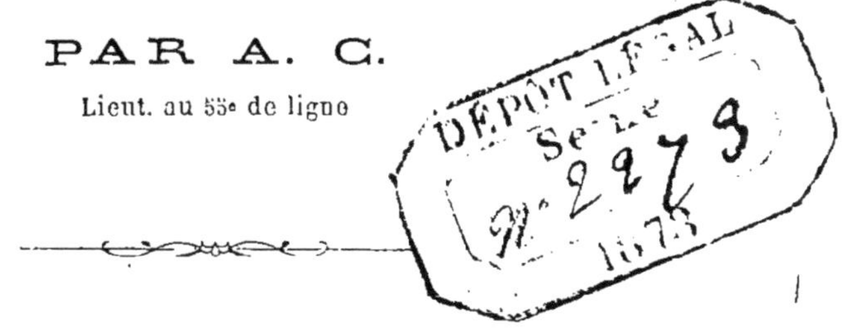

PARIS

CH. TANERA, ÉDITEUR

LIBRAIRIE POUR L'ART MILITAIRE ET LES SCIENCES

Rue de Savoie, 6

1873

CONSEILS PRATIQUES

AUX JEUNES OFFICIERS

CONSIDÉRATIONS GÉNÉRALES

La théorie et la pratique, si on peut appeler ainsi, d'une part, une réflexion judicieuse sur ce qu'on a à faire, de l'autre, la mise en application du fruit de la réflexion, ne sont pas deux éléments dissemblables, mais les anneaux contigus d'une chaîne. La pratique est l'application de la théorie, complète cette dernière, et en fait une réalité. La théorie est le prélude obligé de la pratique, l'acte le plus simple nécessitant une méditation préalable.

L'instruction du soldat est de deux sortes : l'une ne peut être que théorique ; l'autre peut être à la fois théorique et pratique. — A la première espèce appartiennent toutes les abstractions : fidélité, courage, obéissance, camaraderie, etc., mais la théorie et la pratique se réunissent dans l'enseignement de ce qu'on appelle *les matières pratiques* : exercices, tirailleurs, étude de l'arme, service de garde, service en campagne, etc.

La description théorique ne doit donc jamais être bannie de la méthode d'enseignement; l'exercice même nécessite des développements théoriques. Quand on veut apprendre au soldat à porter l'arme, on doit lui expliquer d'abord comment se fait le mouvement : personne ne le contestera. Mais il serait inadmissible de lui expliquer le soir la théorie du mouvement de porter les armes, pour ne lui faire exécuter le mouvement que le lendemain matin.

Le service en campagne est, au moins autant que l'exercice, une affaire de pratique. Pourquoi y a-t-il encore tant de personnes qui en enseignent la théorie non-seulement pendant des jours, mais pendant des semaines, des mois entiers avant de le mettre en pratique ?

Partons de ce point pour envisager spécialement le service en campagne. Qu'on ne commence jamais à l'enseigner aux jeunes soldats par des théories dans les chambres, mais qu'on leur fasse suivre simultanément des exercices théoriques et des exercices pratiques en pleins champs. Tout le monde sait que de quatre à six semaines après l'incorporation des recrues, il se produit un certain relâchement. Ce symptôme indique qu'il est temps de les réveiller, de les mener sur le terrain pour rafraîchir leur corps et leurs esprits en leur donnant les premiers principes du service en campagne.

Pour suivre une progression naturelle, qu'on commence par le service des marches en campagne, qu'on passe ensuite au combat, et qu'on termine chaque exercice par le service des avant-postes. Si l'on veut s'arrêter spécialement sur une de ces trois branches du service en campagne, on passe plus rapidement sur les deux autres. L'ennemi doit toujours être représenté, cette manière de faire étant indispensable pour habituer le jeune soldat à être attentif à tout ce qu'il voit.

Si l'on veut donner à tout l'exercice un objet unique, comme par exemple « la poursuite d'un détachement ennemi dans une direction donnée », le jeune soldat devra toujours être mis au courant de la situation. Il apprendra promptement à comprendre la nécessité de détacher certaines fractions, la manière de passer de la formation de marche à la formation de combat, celle de passer du combat au service des avant-postes. Tout se fait simplement et naturellement parce que tout se comprend de soi-même. Il apprendra rapidement les différentes expressions, parce qu'il saisira la nature des choses, et par conséquent leur forme, qui en est la conséquence naturelle et logique. Un seul exercice de ce genre lui profitera plus que dix heures de théorie dans les chambres.

Quand on n'aura pas assez d'hommes pour former deux troupes, ce qui est actuellement le cas dans la plupart des garnisons, on pourra faire les premiers exercices sans représenter l'ennemi ou en le faisant représenter par des hommes isolés. On pourra anssi établir des avant-postes avec une troupe composée d'anciens soldats; puis on réunira les jeunes soldats sur un point d'où ils puissent tout voir, et on leur donnera des explications théoriques pendant qu'ils auront l'application sous les yeux. Le soir, on leur fera une théorie d'une heure pour fixer dans leur mémoire ce qu'ils ont vu à l'exercice du matin.

N'oublions pas que cette méthode d'exercice est souvent remplacée pour le jeune soldat par une instruction purement théorique, à la suite de laquelle il passe à la pratique du service en campagne dans la cour de la caserne, ou, s'il pleut, dans le « corridor » ; et enfin un beau matin, on le conduit avec sa compagnie un peu en dehors des portes, on le détache avec sa section, on l'arrête tout à coup au milieu d'un bois : son sous-officier l'accable d'un flot d'instructions qu'il ne comprend pas ou qu'il oublie bientôt. On lui parle de l'ennemi, bien qu'il ne se figure pas du tout comment ce dernier peut arriver si subitement. Comment cet ennemi, qu'il n'a pas vu pendant toute la route, a-t-il pu arriver tout d'un coup dans le bois ?

Je laisse à chacun le soin de décider laquelle de ces deux méthodes est préférable, ou plutôt je me prononce résolûment contre la dernière qui n'est pas pratique et fait perdre du temps.

Avec la première, on instruit le jeune soldat en développant sa conception et en attirant son attention du dedans au dehors ; on commence par lui montrer les choses, on les lui fait ensuite comprendre, et, en dernier lieu, on les lui explique par des mots. On ouvre ainsi son intelligence ; mais qu'on évite avec soin de l'intimider si, par hasard, il dit une sottise. Il va de soi que la direction de ces exercices revient exclusivement aux officiers ; ces derniers ne peuvent être remplacés, par exception seulement, que par des sous-officiers très-expérimentés. Autant il est facile de commettre des erreurs dans ces premiers exercices, autant il est difficile, par la suite, pour ne pas dire impossible de les réparer.

Si quelqu'un ne trouve pas cette méthode rationnelle, je lui demanderai : « Expliquerez-vous au jeune soldat le mécanisme de son fusil sans lui enseigner en même temps celui de la platine? Lui apprendrez-vous le service de garde sans lui faire monter de faction? » Malheureusement, il y a encore beaucoup de personnes qui considèrent comme indispensable d'enseigner les premiers éléments du service en campagne dans la chambre, au milieu des lits et des bancs.

La raison principale pour laquelle j'adopte cette méthode exclusivement pratique, c'est que je veux faire l'instruction des recrues en aussi peu de temps que possible. Avec une bonne direction, six leçons sur le terrain, huit au plus, sont suffisantes pour enseigner aux recrues tout le service en campagne. Je ne calcule pas sur des éléments imaginaires, je m'en tiens au contraire à la plus stricte réalité. Les éléments réels dont je parle sont : la durée du service actif réduite à deux ans, un service de garde qui, dans la plupart des garnisons, — et surtout dans les places fortes, où le service de place absorbe tout, — enlève de soixante-dix à quatre-vingts jours de l'année au service ordinaire. Chacun peut calculer, d'après cela, s'il reste beaucoup plus de six à huit exercices à consacrer au service en campagne.

On arrive ainsi à se convaincre soi-même qu'il faut transporter les exercices sur le service en campagne de la cour de la caserne dans la campagne, et qu'il faut débarrasser cette instruction de tous les accessoires inutiles et préjudiciables qu'on trouve dans certains livres techniques : « personnes qui peuvent traverser une ligne d'avant-postes, marais sur les flancs ; informations ressemblant plutôt à des romans qu'à des renseignements militaires, etc. »

Je veux encore dire quelques mots d'une partie de l'instruction que je désapprouve complétement, malgré la faveur qu'on lui accorde presque partout ; c'est ce qu'on appelle les patrouilles de sous-officier. Ce n'est en réalité qu'un pis-aller pour quinze ou vingt hommes, qui restent sans emploi dans une compagnie. Je demande à tous ceux qui n'ont pas de parti pris, en quoi il peut être utile d'envoyer un sous-officier et quinze hommes hors de la ville, sans ennemi représenté, pour faire le service des patrouilles ? Je n'y vois aucun profit, et du désavantage au contraire. On donne ainsi de mauvaises habitudes aux soldats, et on accoutume les sous-officiers à une indépendance beaucoup plus grande que celle qu'ils doivent avoir en réalité. Ces exercices habituent, par exemple, le sous-officier à marcher devant lui, quand il est d'avant-garde, sans se préoccuper du gros, ou à courir dans la campagne sans se relier avec la troupe qu'il est chargé de flanquer, ou à faire des détours insensés, etc...

Je dirai, pour terminer, que les patrouilles de sous-officier n'ont de véritable utilité que quand, par exemple, elles sont détachées d'une troupe plus forte, pour la flanquer, ou quand elles sont envoyées en reconnaissance par la réserve ou le gros des avant-postes : dans ce cas elles restent toujours en communication avec les troupes qui les ont détachées, et ces dernières se rattachent elles-mêmes à l'ensemble. C'est ce qu'en langue militaire on appelle *maintenir ses communications.*

Pour terminer ces considérations générales, je me résumerai ainsi : La seule manière pratique d'enseigner rapidement et convenablement le service en campagne est de faire des exercices sur le terrain. Le tact naturel du chef contribue beaucoup à donner aux soldats non-seulement l'intelligence, mais encore l'amour de la chose. C'est lui qui doit reconnaître le point où doivent s'arrêter ses instructions et savoir à quel moment il doit en appeler à la réflexion du soldat. Que pendant l'exercice on laisse les hommes agir de leur propre mouvement, lors même qu'ils commettent des erreurs; qu'on cherche à rendre les exercices sur le service en campagne aussi semblables que possible à la réalité, en observant le plus rigoureux silence. Le plus petit exercice doit être dirigé en vue d'une *idée*, et quand le chef veut faire connaître sa pensée, ce n'est pas à une distance de mille pas qu'il doit expliquer comment il veut établir sa grand'garde ou détacher ses flanqueurs. Qu'il évite les mots inutiles, sinon il peut être sûr que neuf fois sur dix ses premières dispositions seront mal ordonnées et manqueront de précision. La critique qui suit l'exercice ne doit s'adresser qu'aux faits et jamais aux personnes. Que le chef n'oublie pas que tous les chemins mènent à Rome, et que la route prise par son inférieur conduit souvent aussi bien au but que celle que lui-même a suivie. La critique rend le subordonné timide, craintif, et lui enlève surtout l'amour de ce qu'il fait; qu'on la restreigne donc le plus possible et qu'on se borne à redresser les contre-sens tactiques; qu'elle soit courte, claire, précise et de nature à exclure toute discussion. Évitons, avant tout, de faire des phrases.

La phrase, pour en dire un mot, ce patrimoine de nos voisins de l'Ouest, est l'arme unique de tout esprit obscur, de toute tête mal équilibrée. Les phraseurs trompent quelquefois leur monde, mais ils font rarement bien, et leur influence sur l'ensemble des choses est toujours désastreuse.

Je vais aborder maintenant séparément les formes de service en campagne.

I. LE SERVICE DES MARCHES;

II. LE COMBAT;

III. LE SERVICE DES AVANT-POSTES.

I. — SERVICE DES MARCHES

Quand je marche, c'est pour aller en avant, suivant la vieille maxime : « Que celui qui marche marche rapidement; que celui qui reste en place tienne bien sa position. » En général, quand on marche, on se fait précéder d'une pointe composée de deux hommes seulement; un troisième homme relie la pointe à l'avant-garde, qui vient ensuite, etc... Le chef de l'avant-garde se tient habituellement près de l'homme qui sert d'intermédiaire entre la pointe et l'avant-garde.

Qu'on se rende compte maintenant du temps qu'il faudrait à un détachement pour parcourir une demi-lieue si, comme le recommandent tous les ouvrages théoriques, la pointe s'arrêtait pour rendre compte de tout ce qui se trouve sur son chemin, en disant qu'elle est trop faible pour reconnaître? — Marche-t-on pour donner des renseignements ou pour faire du chemin?

En principe, la fraction qui marche en tête se fait précéder d'une pointe de deux hommes seulement si la vue est étendue et s'il n'y a pas d'ennemi dans le voisinage. Si le terrain est plus accidenté ou si les patrouilles ennemies commencent à devenir incommodes, le chef de l'avant-garde détache, sans attendre d'information préalable, quelques hommes de sa troupe pour renforcer la pointe et en faire, suivant les circonstances, une ligne plus ou moins considérable de tirailleurs ; quand le but est atteint, il reprend sa formation primitive.

Ainsi le but est d'avancer, et d'avancer rapidement. Le règlement laisse la plus grande latitude pour la composition de la pointe : sa force ne dépend que de la nature du terrain et est laissée à l'appréciation du chef.

Si l'on veut convaincre les jeunes soldats de l'importance de ce qu'on appelle les *précautions de marche*, qu'on marche, par exemple, en colonne serrée, par section, dans un bois, et qu'on fasse tirer à l'improviste sur la colonne par quelques hommes envoyés en avant à cet effet. Si l'on n'aime pas cette petite comédie, qu'on dise au jeune soldat, pendant la marche, que l'ennemi est dans la forêt et qu'on lui demande comment il doit faire pour se couvrir. Naturellement il dira de suite qu'on doit envoyer en avant et sur les flancs des hommes isolés, pour reconnaître le terrain suspect. En faisant des questions raisonnables, on recevra toujours des réponses sensées. On est ainsi conduit naturellement à former une pointe, une avant-garde et des détachements de flanqueurs; le jeune soldat en sent immédiatement l'importance et ne l'oublie plus.

Je n'ai pas besoin d'expliquer maintenant comment chaque objet doit être reconnu : quand on a évité de bourrer péniblement de formules apprises la mémoire du jeune soldat, il fait tout facilement et naturellement; il examine tout ce qu'il trouve de suspect sur sa route, et s'il ne suffit pas pour cela d'un homme ou deux, le chef de l'avant-garde en envoie davantage. Cette méthode rationnelle m'amène immédiatement à ce résultat important : « habituer le jeune soldat à regarder le terrain au point de vue militaire. »

Que dès le début on exige rigoureusement du jeune soldat qu'il donne des informations exactes, qu'il dise tout ce qu'il voit, et rien de plus; qu'il s'exprime d'abord à sa façon : la forme de ces sortes de rapports s'apprend plus tard, d'elle-même, et n'a d'ailleurs aucune importance.

La tendance, plus ou moins grande, de tout homme à se donner de l'importance peut être la cause de beaucoup de fausses nouvelles. Si le jeune soldat voit un nuage de poussière, il doit annoncer seulement qu'il voit un nuage de poussière, si toutefois ce nuage lui semble suspect; mais il ne doit pas annoncer, par exemple, qu'il suppose que ce nuage de poussière cache une compagnie d'infanterie. S'il voit un officier à cheval sortir d'un bois avec une section d'infanterie, il doit signaler l'officier et la section, mais il ne doit pas ajouter « qu'il craint que la section ne soit suivie d'un bataillon, » ou même « qu'elle est suivie d'un bataillon. » Je ne puis assez recommander d'habituer, dès le début, le jeune soldat à signaler tout ce qui lui semble suspect, et à le signaler exactement.

Si la pointe rencontre l'ennemi, le combat commence. Nous quittons alors les expressions « pointe, avant-garde, troupe principale, » pour prendre celles de « ligne de tirailleurs et soutien, » qui s'appliquent au combat. Le but de tous ces exercices de guerre est toujours le combat : par le combat, je cherche à forcer l'adversaire à se conformer à mes volontés.

Il est difficile de déterminer jusqu'à quelle distance une compagnie d'avant-garde doit se faire flanquer. On peut établir en principe que cette distance varie suivant que la vue est plus ou moins étendue, mais qu'elle ne doit jamais être inférieure à la bonne portée du fusil à aiguille, c'est-à-dire 3-500 pas environ. On augmente ou on diminue le nombre des flanqueurs suivant que la nature du terrain l'exige ou le permet.

L'emploi des flanqueurs est donc ainsi essentiellement subordonné à la forme du terrain : la troupe principale peut les rappeler à elle, tandis que la pointe doit exister dans tous les terrains et dans toutes les circonstances. La formation de marche des flanqueurs est exactement la même que celle de la pointe. Ils se tiennent à hauteur de la troupe pour lui servir de pointe dans le cas où elle voudrait marcher vers un de ses flancs ; ils doivent naturellement informer la troupe principale de tout ce qui leur semble important.

Je ferai remarquer en passant que le langage militaire établit une distinction entre *couvrir les flancs* et *assurer les flancs.* La troupe qui *couvre les flancs* d'une autre troupe doit être assez forte pour pouvoir, le cas échéant, soutenir un *combat;* pour *assurer les flancs*, il n'est besoin que d'hommes isolés ou de patrouilles destinées à *voir*.

On est presque toujours séparé des flanqueurs par un terrain couvert, de sorte qu'on ne peut les voir. Il est cependant nécessaire que toutes les fractions détachées de la compagnie restent en communication entre elles. Qu'appelle-t-on, en langue militaire, *rester en communication?—Deux ou plusieurs troupes en marche sont en communication quand le terrain qui s'étend entre elles est complétement éclairé.* Ainsi, la communication peut être assurée par une patrouille de deux hommes, si cette patrouille peut voir tout le terrain intermédiaire. Naturellement, plus le terrain est couvert, plus la patrouille doit être nombreuse. Je fais remarquer expressément que rester en communication ne signifie pas se relier par des patrouilles assez fortes pour repousser l'ennemi si elles le rencontrent, mais suffisantes pour le voir et le signaler; cependant il peut leur arriver de faire usage de leurs armes. Établissons donc comme une règle invariable que *toutes les fractions détachées doivent s'efforcer de rester en communication avec la troupe principale.*

Si l'on applique bien ce principe, il n'arrivera jamais, par exemple, que le gros d'une compagnie, flanqué des deux côtés, rencontre seul l'ennemi sans être soutenu par ses flanqueurs. Au moment de la rencontre, les diverses fractions de la compagnie sont peut-être à 600 pas les unes des autres; mais elles se réunissent quand commence le combat, parce qu'elles ont un lien organique et qu'elles ne peuvent combattre qu'ensemble. La connaissance et l'application de ce principe : rester en communication et agir ensemble au moment du combat, en un mot tenir toutes ses forces réunies, constituent à peu près tout le secret de la bonne direction du combat. Malheureusement il y a encore beaucoup de personnes qui ne sont contentes que quand elles ont séparé complétement l'un de l'autre l'avant-garde, le gros et la réserve, parce qu'elles voient le danger de tous les côtés.

Quand on marche en retraite, on se fait suivre d'une arrière-garde. La position de l'arrière-garde diffère de celle de l'avant-garde en ce que chaque pas augmente la distance qui la sépare du gros; le gros, de son côté, ne peut la secourir si elle se trouve dans une mauvaise position, tandis que c'est à peu près le contraire dans la marche en avant. Une différence encore plus grande est que l'arrière-garde n'impose pas ses volontés à l'ennemi, mais est, au contraire, forcée de se conformer aux siennes.

L'avant-garde a un caractère éminemment *offensif;* celui de l'arrière-garde est, au contraire, essentiellement *défensif.*

II. — COMBAT (1)

Le combat est ainsi,—au moins dans nos considérations, — le but final de tous les exercices de guerre. La formation de combat, pour la compagnie, est constamment la colonne de compagnie. Nous avons vu que les mesures de sûreté qu'on prend pendant la marche ont pour but de rechercher l'ennemi, c'est-à-dire de se garantir d'une surprise. Loin de préconiser ici une craintive prudence, nous admettons de la confiance et du laisser-aller. Il est aussi difficile de préciser par des mots le point où cette confiance dégénère en témérité que le point où la prudence, qui est une des plus belles vertus militaires,

(1) Ce chapitre doit être nécessairement lu deux fois, l'auteur y introduisant une longue discussion qu'on ne saisit qu'imparfaitement en premier lieu, et dont il ne donne le but qu'à la fin du chapitre, quand il dit : « Me voilà arrivé au but que je poursuis depuis ma première ligne, et qui est de prouver que les exercices de service en campagne ne sont que des exercices de tirailleurs exécutés sur le terrain. » Avouons que cette idée de discuter, dix pages durant, sans dire sur quoi est réellement bien allemande. *(Note du traducteur.)*

cesse d'être une qualité pour devenir de la pusillanimité, et même quelque chose de pire.

Quand on a atteint l'ennemi, le but est rempli et le combat commence. Il est impossible de donner des règles fixes pour la conduite du combat, car chaque affaire est l'effet de causes diverses, une résultante qui échappe à tous les calculs. Le propre du génie est de toujours trouver la bonne voie. Mais comme il ne faut pas que chacun se figure être un génie et se regarde comme autorisé à délaisser l'étude, il y a pour le combat certaines règles qui, mises en application, ne font pas de tout homme un génie, mais le rendent apte à diriger convenablement un combat.

Les armes de toutes les armées actuelles ayant à peu près la même valeur, elles ne sont plus une cause déterminante de supériorité ; il faut chercher à s'assurer cette dernière par d'autres moyens, qui sont : l'intelligence, la discipline et l'ordre. Aujourd'hui, c'est celui qui a le soldat le plus adroit et sait le mieux en tirer parti — c'est-à-dire celui qui sait tenir son monde rassemblé pendant le combat et être le plus fort au moment opportun sur le point essentiel — c'est celui-là, dis-je, qui est le vainqueur.

De tous les principes admis, le plus important, à mon avis, est le suivant : « La confiance avec laquelle le soldat va au combat fait sa supériorité dans ce qu'on appelle l'*élément moral*, qui contribue à la victoire pour les trois quarts, tandis que la force matérielle n'y contribue que pour un quart. »

Avant de commencer le combat, il faut réfléchir à la conduite que l'ennemi pourra tenir : c'est la meilleure manière de trouver par où l'on péche soi-même et de se préparer à prendre de sages mesures. Quand le combat est engagé, les esprits sont surexcités et il est difficile de changer leur direction. Qu'on frappe alors coup sur coup, car rien, dans un combat, ne se paye aussi cher qu'une perte de temps. La nécessité d'une réserve est pour nous un deuxième principe essentiel. Pour la conserver intacte, il faut, autant que possible, achever le combat avec les troupes déjà engagées et qui, d'ailleurs, ne doivent jamais être relevées. Relever une troupe est une des plus dangereuses manœuvres qu'on puisse exécuter à la guerre, et elle réussit rarement. L'arrivée ou la vue même des renforts suffit à rendre le courage aux troupes fatiguées ; aussi, une fois une troupe engagée, on soutient son moral en lui envoyant des renforts, et on doit la laisser au feu jusqu'à la dernière extrémité : l'homme mis en face de la mort peut faire des choses extraordinaires. Relever les troupes est un mouvement de cabinet qui ne produit jamais de bons résultats.

Dans la réalité, le combat d'une compagnie aura, par exemple, la physionomie suivante. L'avant-garde et la pointe se déploient en tirailleurs dès qu'elles rencontrent l'ennemi; elles sont soutenues par la troupe principale qui se forme en colonne de compagnie. S'il y a des flanqueurs, ils doivent rester en communication avec la compagnie, et ils servent soit à couvrir les flancs de la ligne de tirailleurs, soit à attaquer ceux de l'ennemi. Ainsi, tout se passe comme le règlement l'ordonne et comme on l'enseigne sur le terrain de manœuvre, avec une seule différence, c'est qu'on ne connaît ni le terrain ni les forces de l'ennemi. C'est cette appréciation des forces de l'ennemi qui constitue tout le secret de ce qu'on appelle « les exercices sur le service en campagne, » et qui est la plus grande source d'erreurs.

Quand l'avant-garde, les flanqueurs ou les avant-postes ont rencontré l'ennemi, le service en campagne se réduit à « manœuvrer ou tirailler sur le terrain » d'après une idée déterminée. Combien de fois ne se présente-t-il pas qu'un chef jeune et inexpérimenté, qui a puisé dans les livres de théorie des idées particulières sur le service en campagne, arrive sur le terrain sans avoir de plan ; si, par exemple, à l'attaque d'un village, on lui ordonne de se porter sur tel ou tel angle, il est en réalité une aile offensive de la principale ligne de tirailleurs, formation qui se présente chaque jour sur le terrain de manœuvre. Mais qu'arrive-t-il la plupart du temps dans l'exécution ? En général, on ne revoit plus le détachement de toute la journée, ou ce n'est qu'avec la plus grande peine qu'on parvient à le rappeler à soi.

En reconnaissant la justesse de ma remarque, on m'objectera peut-être que « manœuvrer » est une chose tout à fait particulière. Mais cette expression « manœuvrer » que j'emploie ici, ne s'applique pas assez à notre cas pour qu'il puisse être question de *manœuvre* pour une compagnie. Un détachement composé de troupes de toutes armes manœuvre ; une compagnie fait l'exercice, tiraille sur le terrain. L'expression « manœuvrer » comporte une complication de désordre, des attaques sur les derrières, des charges à la baïonnette, etc..., de manière à représenter presque toujours une bataille. Mais « manœuvrer » dans le sens que je lui donne en ce moment, n'est rien de plus que faire l'exercice ou tirailler sur le terrain avec une idée déterminée.

L'idée, qu'elle soit bonne ou mauvaise, ne peut

avoir aucune influence sur les formations tactiques adoptées pour le combat : si, par exemple, étant aux avant-postes, je couvre un fourrage ou la construction d'un pont ; si, à l'avant-garde, je cherche l'ennemi ; si, au contraire, il talonne l'arrière-garde que je commande, ma formation tactique est toujours la même ; par conséquent, je répète encore : « Manœuvrer n'est pas autre chose que s'exercer sur le terrain en vue d'une idée déterminée. »

Tout combat s'engage d'après les règles déterminées. Le front doit toujours être solidement occupé par des tirailleurs : on agit sur les flancs de l'ennemi comme les circonstances le comportent. Distinguons ces mouvements sur les flancs des mouvements enveloppants. Ces derniers ne peuvent s'exécuter que dans des circonstances particulières qui se présentent très-rarement ; si, par exemple, on est beaucoup plus fort que l'ennemi ou si l'on peut le surprendre.

L'enveloppement n'est, dans la plupart des cas, qu'un contre-sens tactique à la suite duquel celui qui enveloppe se trouve lui-même coupé et tourné ; mais son apparente hardiesse le met en grande faveur dans les exercices du temps de paix.

Il n'en est pas de même de l'attaque de flanc : bien dirigée elle est toujours d'un secours très efficace pour l'attaque de front. Elle se distingue du mouvement tournant en ce que les troupes envoyées sur les flancs de l'ennemi ne doivent pas s'éloigner de leur corps principal de plus de 300 pas environ, portée efficace du fusil d'infanterie.

Le commencement du combat n'est en général qu'un va-et-vient dans lequel, selon l'économie des forces, on commence par tâter l'ennemi avec de faibles lignes de tirailleurs pour découvrir son fort et son faible. Mais la seconde phase du combat, « le déploiement, » exige du coup d'œil militaire, du jugement, de la résolution.

Tout sous-officier peut commencer le combat ; le déploiement nécessite une direction rationnelle, et par conséquent l'intervention de l'officier.

Considérons ici une compagnie dans l'offensive : en présence de la puissance de destruction des nouvelles armes à feu, il faut nécessairement « conduire les pelotons en ordre dispersé aussi près que possible de l'ennemi, en s'efforçant de cacher le point d'attaque. » Une fois l'attaque décidée et le point favorable reconnu, on rassemble subitement les lignes dispersées pour en former une ou plusieurs colonnes d'attaque et marcher immédiatement en avant. Les soutiens jusqu'alors cachés et abrités, suivent la première ligne en ordre serré, et, si ce n'est pas possible, en ordre dispersé ; ils doivent toujours pouvoir donner à l'attaque un appui suffisant. Quand on a enlevé une position, on doit toujours l'occuper régulièrement avant de se lancer à la poursuite de l'ennemi.

Il est incontestable que, dans nos manœuvres, nous exécutons fort mal cette opération ; mais il est difficile de rectifier nos erreurs, parce qu'elles sont inhérentes à la nature humaine, que nous ne pouvons pas changer. Ainsi, nos règlements ordonnent aux deux partis de rester au moins à cent pas l'un de l'autre : mais ils disent aussi que le défenseur d'une position ne doit pas céder à la première charge de l'ennemi. Aussi voyons-nous fréquemment un bizarre spectacle : l'assaillant et le défenseur courant l'un sur l'autre jusqu'à se mélanger complétement. Le défenseur, qui, d'après l'*idée*, doit être vaincu, veut, en se retirant, conserver sa distance de cent pas, et commence à courir ; l'assaillant, qui voit fuir l'ennemi, lui court après sans songer que ses balles vont plus vite que ses jambes, et il en résulte une véritable chasse au milieu du plus grand désordre.

Pour éviter ce contre-sens, il faut habituer le soldat à occuper d'après les principes la position conquise, et ordonner à ce moment un temps d'arrêt dans le simulacre de combat, comme il s'en produit naturellement un dans la réalité.

Supposons, pour prendre un exemple, qu'une compagnie attaque une pointe de bois. Le défenseur désire naturellement que l'assaillant se forme en colonne profonde, avec quelques tirailleurs seulement en avant et sur les flancs. Il pourrait ainsi commencer à tirer, à coup sûr, sur la colonne, à partir de six cents pas, et il serait à peu près certain qu'elle n'arriverait pas à moitié chemin et ferait demi-tour après avoir perdu la moitié de son monde. Au lieu de cela, qu'on se représente la compagnie (sauf deux ou trois demi-pelotons) déployée en tirailleurs et formant une longue ligne qui enveloppe l'angle du bois et marche par échelons.

Le défenseur voit venir de tous les côtés des ennemis qui ne lui offrent qu'un but très-incertain ; chaque pas de l'assaillant diminue la sûreté de son tir ; il s'épuise, hésite, et la supériorité morale qu'il avait eue jusqu'alors passe du côté de l'assaillant. C'est ce moment que ce dernier doit saisir pour former subitement avec ses lignes dispersées une ou plusieurs colonnes d'attaque, et pour percer sur un point.

La question si souvent débattue, à savoir s'il y a avantage à avoir des lignes de tirailleurs minces ou épaisses, me semble tomber d'elle-même. Peu importe la force des lignes de tirailleurs, pourvu que, par une bonne discipline, on habitue les soldats — qu'ils soient en colonne ou en ordre dispersé — à se jeter sur l'ennemi au moment décisif : c'est ce qu'on appelle « avoir ses forces sous la main au moment opportun. »

On y arrive avec de l'intelligence, de l'ordre et de la discipline.

A cette question se rattache aussi celle de savoir si l'unité tactique doit être le bataillon ou la compagnie ; si le demi-bataillon vaut mieux pour le combat que le bataillon entier.

Notre règlement est si complet — et la chose est classique et au-dessus de toute critique — que la réponse s'y trouve tout au long, et qu'il n'y a qu'à la lire. Dans certaines circonstances, on doit se former en demi-bataillon pour cacher sa faiblesse ; mais, en principe, le bataillon doit être l'unité tactique. Un bataillon formé en demi-bataillons perd bientôt sa seconde ligne, l'ambition poussant tout le monde dans la première. Que faire alors si on éprouve un échec et s'il faut se retirer ? Qui va recueillir les troupes en retraite ? Où trouveront-elles un point d'appui ? Quelle riche moisson pour un ennemi armé de fusils à chargement rapide ! Il tire à coup sûr — puisque personne ne riposte—et sème à son aise la mort dans les rangs de l'ennemi en retraite !

Si, au contraire, le bataillon est l'unité tactique, son chef déploie deux compagnies, et trois au plus dans les circonstances exceptionnelles, et conserve nécessairement une compagnie en deuxième ligne. Cette réserve n'est jamais inutile, quelle que soit l'issue du combat.

Nous poserons ainsi comme règle générale qu'on doit tirailler peu et renforcer la ligne de tirailleurs suivant les besoins; tenir toujours le soutien dans sa main et ne jamais le fractionner. Notre colonne de compagnie nous amène à une dispersion qu'on ne saurait combattre avec trop de persévérance et d'énergie, car elle peut, en cas d'échec, entraîner les plus tristes conséquences. On ne reste maître de la situation qu'en conservant jusqu'au dernier moment une réserve disponible. Cette réserve est une nécessité, parce que l'assaillant doit toujours chercher à aborder l'ennemi pour terminer et décider le combat. Le dernier mot du combat est toujours : « En avant ! » L'attaque à la baïonnette est le couronnement de l'œuvre.

Un combat en retraite est beaucoup plus difficile à diriger qu'un combat en avant. Outre l'infériorité morale, on a toujours à craindre de se voir coupé par l'ennemi, car il n'y a pas de position qui ne puisse être tournée par un flanc.

Il est presque toujours bon de mélanger, dans

la ligne de défense, les tirailleurs et les soutiens à rangs serrés. Dans tous les cas, on doit toujours conserver, en arrière de la ligne de défense, un soutien, quelque petit qu'il soit, pour parer aux éventualités qui peuvent se produire sur les derrières. C'est le meilleur flanquement qui puisse exister, car on n'est pas toujours sûr de pouvoir faire défendre ses flancs par le terrain ou par une réserve.

Il faut toujours se conformer, pour l'occupation d'une ligne de défense, au principe qui dit que : « celui qui veut tout défendre ne défend rien. » Un chef habile saura toujours éviter de disperser ses forces.

La défensive se divise en défensive passive et en défensive offensive. Les avantages de la défensive sont : le choix de la position, la connaissance exacte du terrain et des distances. Quoique grands, ces avantages ne sont nullement décisifs. Le dernier acte d'un engagement victorieux doit toujours être un mouvement offensif, c'est-à-dire que le défenseur, tout en se ménageant son refuge dans sa position, doit toujours passer à l'offensive. Quand son feu bien ajusté a décimé l'ennemi, celui-ci devient timide; ses colonnes ont subi de grandes pertes, et le défenseur n'a besoin que d'exécuter un vigoureux mouvement offensif pour s'assurer une victoire complète. Ainsi l'offensive couronne l'œuvre et récolte les fruits semés par la défensive : elle seule donne l'assurance du succès et produit les grands résultats ; elle renferme tout ce qui pousse les hommes aux grandes actions, la puissance morale qui seule permet de recueillir les fruits de la victoire : les trophées, le champ de bataille et les prisonniers. Le feu de l'offensive est aussi puissant que celui de la défensive : l'assaillant qui marche en s'abritant n'est guère plus exposé que le défenseur forcé de se découvrir pour tirer. Enfin le défenseur est lié à sa position, tandis que l'assaillant peut changer la sienne comme il lui plaît, choisir son point d'attaque, surprendre son adversaire, et concentrer ses forces sur un seul point.

La défensive passive a certainement, ainsi que nous l'avons dit plus haut, des éléments de supériorité pendant le combat même : position couverte, connaissance des distances, etc..., mais elle ne donnera des résultats décisifs que si, au moment opportun, elle devient offensive.

Je n'ai jamais compris comment on avait pu poser cette question, à savoir : l'offensive est-elle supérieure à la défensive, ou bien est-ce le contraire ? Je terminerai mes considérations en y répondant ce qui suit. La défensive a pour caractère de chercher à parer, à éloigner ; elle a quelque chose de passif; elle ne dicte pas ses volontés à l'ennemi, mais elle se borne à le tenir loin, en laissant à sa disposition les opérations ultérieures. Dans les cas favorables, elle met un grand nombre d'ennemis hors de combat, mais sans en tirer aucun profit.

L'offensive a, au contraire, quelque chose de pressant, de dominant : elle dicte ses lois à l'adversaire, son action est illimitée et elle poursuit jusqu'au bout le but idéal de la guerre, c'est-à-dire la destruction complète de l'ennemi et de toutes ses ressources. Considérée en elle-même, l'offensive est donc le mode de combat le plus puissant.

Je ne puis terminer ces considérations générales sur le combat, sans y ajouter, au nom de ma longue expérience, le conseil pressant de ne jamais exercer la compagnie à manœuvrer en tirailleurs sans représenter l'ennemi. Il suffit, à cet effet, d'un sous-officier et de six files. Je ne parle naturellement ici que du véritable exercice de la compagnie, et non des exercices de tirailleurs exécutés dans la cour de la caserne, qui ne sont destinés qu'à apprendre les signaux aux soldats.

Il va de soi qu'on doit toujours donner à chaque exercice une *idée*, si simple qu'elle puisse être. On remarquera que les hommes se comportent bien plus adroitement s'ils voient l'ennemi; qu'ils apprennent également beaucoup mieux à apprécier les distances et à tirer sur des hommes isolés. Cette manière de tirailler accoutume aussi les officiers et les soldats au service en campagne, car — en faisant l'ennemi un peu plus nombreux — on arrive à ne faire en réalité que ce qui se passe à la guerre. Les officiers s'exercent aussi de cette façon à changer d'idée et à se plier aux circonstances ; enfin, on habitue, pour ainsi dire en jouant, les soldats à l'ordre et à la discipline.

Me voici arrivé à la conclusion que je poursuis depuis ma première ligne, à savoir : que les exercices sur le service en campagne et les exercices de tirailleurs sont identiques ; qu'on a obtenu tout ce qu'on peut exiger dès que la compagnie reste dans la main de son chef, quelles que soient les circonstances ; qu'on ne peut arriver à ce résultat que par un mélange intime d'intelligence, d'ordre et de discipline.

III. — SERVICE DES AVANT-POSTES

On distingue trois espèces d'avant-postes, à savoir : les avant-postes de combat, les avant-postes de marche et ceux qui sont destinés à couvrir une position durable.

Les avant-postes de combat couvrent une troupe qui occupe une position déterminée et attend l'ennemi dans une direction donnée ; leur service ne dure donc que peu de temps, quelques heures au plus. Les troupes sont immobiles, dans la formation de combat, immédiatement en arrière de la position qu'elles doivent prendre, et assurent leur sécurité par des avant-postes et par des patrouilles. Elles ménagent ainsi leurs forces jusqu'au moment où le combat doit s'engager sérieusement, et apprennent à temps la marche de l'ennemi.

Les avant-postes de marche et les avant-postes en station (nous appellerons ainsi la troisième espèce d'avant-postes) demandent à être examinés plus en détail. Pour les derniers, tout ce que renferme le terrain est d'une importance capitale ; l'attention des premiers se porte surtout sur les routes. Pour ceux-là, un terrain qui paraît impraticable, par exemple un marais ou un cours d'eau, peut devenir d'une importance extrême, si, par un sérieux examen, on découvre un sentier dans le marais, un gué dans le cours d'eau. Ceux-ci, qui ne sont ordinairement établis que dans l'après-midi, ne peuvent généralement que mettre des postes sur les routes et relier ces postes entre eux.

Les avant-postes en station forment un ensemble complet, nécessitent une organisation régulière ; le terrain qui paraît le plus impraticable doit être l'objet du plus minutieux examen et d'une surveillance rigoureuse, car il peut devenir la source des plus grands malheurs. Les avant-postes de marche ne durent en moyenne que douze heures, et le manque de temps ne leur permet de s'occuper que d'observer les routes et de communiquer entre eux. Mais comme ils sont ordinairement en contact avec l'ennemi, ils ne doivent jamais agir à la légère. Leur vigilance ne peut se relâcher que par suite de fatigue, par abattement moral ou manque de connaissance du terrain.

Représentons-nous exactement ce que comprend le service des avant-postes. Il y a d'abord l'observation, qui est l'affaire des grand'gardes ; ensuite la défense, qui est celle des *replis ;* en troisième ligne viennent les réserves, qui se composent du gros des avant-postes.

La grand'garde devant observer et voir, il lui faut tout d'abord pour ses sentinelles un terrain sur lequel on découvre au loin ; quant à son soutien, il doit être dans une position convenable par rapport à son front, c'est-à-dire à peu près derrière le milieu. Sentinelles et soutien sont cachés autant que possible ; ce dernier auprès des routes. L'action du *repli* s'exerce en avant dans le cas d'une attaque ; — il sert de première réserve à une ou plusieurs grand'gardes ; — en arrière, pour couvrir le gros qu'il doit préserver des surprises de l'ennemi, et auquel il doit donner le temps de se préparer au combat. Ainsi, le repli est une troupe de combat ; la grand'garde une troupe d'observation. Le repli se tient en arrière des soutiens des grand'gardes et ne se relie avec eux que par les sentinelles et les patrouilles indispensables. Il se tient à couvert et cherche une ligne de défense, en règle générale, près des routes, en arrière des défilés ou dans des positions dominantes.

Mais on pèche souvent contre ces principes. Presque chaque chef de grand'garde cherche une ligne de défense pour son cordon de sentinelles ou au moins pour son soutien. Il place les sentinelles, — aux dépens de l'observation du terrain,

— suivant une ligne droite, et il en fait, pour ainsi dire, une ligne de tirailleurs à grands intervalles; probablement parce que les livres enseignent que, en cas d'attaque, ce cordon doit se retirer comme le ferait une ligne de tirailleurs. Le rayon d'observation de la grand'garde ne doit pas se borner à la ligne occupée par ses sentinelles, mais s'étendre sur tout un espace proportionné en longueur et en largeur; car il est beaucoup plus difficile de traverser, sans être vu, une profondeur de 3-500 pas qu'une ligne mince telle qu'un cordon de sentinelles.

On se plaint presque toujours que les sentinelles donnent trop peu d'informations. Tout le monde m'accordera que si on donne à la ligne de sentinelles la forme d'une ligne de tirailleurs, le simple soldat se figurera tout naturellement qu'il est placé là plutôt pour défendre que pour observer. S'il est attaqué par l'ennemi, il se replie régulièrement sur sa grand'garde en combattant comme un véritable tirailleur, et il oublie naturellement de donner des informations. Pendant qu'il agit ainsi, c'est à son lieutenant et au chef de la grand'garde à chercher la place où les rapports leur arriveront le plus facilement. A mon avis, le soldat ne doit pas en savoir tant; qu'il se défende d'abord et se retire ensuite : c'est sa manière de faire son rapport. Comme toute son éducation a pour but de lui donner de la ténacité, il doit d'abord se défendre, et ne se retirer qu'ensuite en donnant ses informations. Je terminerai en répétant que l'on ne doit apprendre aux sentinelles qu'à voir et qu'à annoncer. Donc, le but de la grand'garde, avec ses sentinelles et ses patrouilles, n'est pas de combattre, mais seulement d'observer et de rendre compte.

D'après les principes de l'économie des forces, on ne doit employer que le minimum à l'observation, le nécessaire à la défense, le reste formant la réserve. Les mêmes principes doivent guider l'officier dans le fractionnement de la grand'garde. S'il a, par exemple, une grand'-garde de quarante hommes, et s'il peut tout observer avec une sentinelle, il ne doit avoir qu'une sentinelle : il serait complétement dans l'erreur en plaçant quand même un nombre de sentinelles en rapport avec la force de sa grand'-garde, — quatre par exemple.

Supposons la grand'garde arrivée sur le terrain qui lui est assigné. Son chef doit avant tout chercher à placer ses sentinelles le plus promptement possible. A cet effet, nous recommandons la méthode suivante : l'officier conduit d'abord sa grand'garde à l'endroit où elle doit probablement rester; puis, quand il s'est rendu compte du terrain, il fait sortir promptement ses sentinelles en forme d'éventail, sous la protection de quelques patrouilles, et leur assigne, pendant leur marche, leurs directions et leurs emplacements.

Quand cette opération est faite, il revoit lui-même et améliore la position des sentinelles, et prend complétement connaissance de son terrain ; il examine tous les chemins et issues par lesquels l'ennemi peut venir à lui, et fait toutes les hypothèses, afin de prévoir leurs conséquences les plus variées. Il rectifie ensuite de nouveau la position des sentinelles; souvent un déplacement de quelques pas à droite ou à gauche, un exhaussement de quelques pieds augmente l'horizon de quelques centaines de pas.

Si la grand'garde possède quelques cavaliers, ce qui est toujours le cas dans les manœuvres,— et c'est pour cela que j'en parlerai peu ici, — elle ne doit jamais en avoir moins de deux. Quand il n'y en a que deux, ils sont exclusivement destinés à la transmission des informations : s'il y a davantage, ils peuvent être aussi employés à faire des patrouilles du côté de l'ennemi. Dans tous les cas, l'officier commandant la grand'garde fera bien de monter, au commencement de son service, le cheval d'un cavalier pour s'orienter le plus vite possible dans son terrain. Quand il a terminé, il revient à son soutien, le place au point qu'il doit occuper, et le partage en postes et en patrouilles.

Le règlement donne au chef d'une grand'-garde tous les moyens nécessaires pour rendre l'observation complète. Il a à sa disposition les sentinelles simples et les sentinelles doubles, les postes de sous-officier, les postes détachés, les patrouilles fixes, les patrouilles volantes et d'autres patrouilles. C'est à lui à employer ces différents moyens d'une manière convenable, et il ne peut le faire que s'il connaît parfaitement son terrain.

Il ne peut pas hésiter sur ce qu'il doit faire pour les accidents de terrain gênants, situés à 3-600 pas, par exemple, en avant de ses sentinelles ou sur leurs flancs : il a pour ce cas des postes de sous-officier et des patrouilles fixes. Entre ces dernières et sa ligne de sentinelles, il établit une sentinelle intermédiaire. En un mot, il doit toujours commander non une ligne mince, mais une surface.

Il résulte suffisamment de ce qui précède que le procédé ordinaire (qui consiste à donner à l'officier, dans les exercices de service en campagne, un certain nombre d'hommes avec lesquels il doit, par exemple, établir une grand'-garde) est complétement faux et manque totalement le but. L'officier doit pouvoir demander le nombre d'hommes qu'il juge nécessaire à l'accomplissement de sa tâche. Si on donne à un jeune officier trente-cinq hommes, par exemple, quand il en faudrait quarante-cinq, il se fait, dès le début, une fausse idée du service des grand'gardes. Il est évident que le supérieur examine ensuite si le nombre d'hommes demandé correspond à l'étendue du terrain. Rarement un jeune officier demandera moins de cinquante hommes.

D'un autre côté, une grand'garde, lors même qu'elle ne fournirait qu'une seule sentinelle, ne doit jamais être de moins de trente hommes.

Nous ne pouvons donner ici que les indications générales qui suivent. Les sentinelles doivent avoir la vue libre, pouvoir observer le terrain qui s'étend entre elles et, autant que possible, rester cachées; le soutien, placé à 3-500 pas derrière la ligne des sentinelles, détache à environ 150 pas en avant, sur la route principale, l'examinertrupp.

Les sentinelles doivent connaître, outre la consigne générale des sentinelles, la force de la grand'garde et le nombre des sentinelles qu'elle fournit, l'emplacement des sentinelles voisines, les routes, villages, etc... Leurs devoirs peuvent être tracés en quelques mots : « Faire attention, rendre compte de tout ce qui leur semble suspect, ne laisser aucune personne sortir de la ligne des sentinelles ou y pénétrer sans la connaître personnellement. » Les personnes inconnues sont envoyées aux postes d'admission. Quand une sentinelle est surprise, elle doit faire feu et rendre compte immédiatement. Il est indifférent que les deux hommes d'une sentinelle double soient côte à côte ou un peu séparés ; c'est selon le terrain ; si le terrain s'y prête, on les laisse ensemble, car ils auront de fréquentes occasions de se consulter réciproquement.

Pendant la nuit, on renforce la ligne en intercalant de nouvelles sentinelles. Il n'est pas toujours utile de faire, pendant la nuit, des patrouilles entre les sentinelles.

La nuit, on se sert plutôt des oreilles que des yeux. Comme on entend mieux quand on est arrêté que quand on marche, les patrouilles doivent s'arrêter fréquemment.

Il résulte de tout ce qui précède que si le règlement peut déterminer certains procédés généraux, il ne peut préciser ce qu'il y a à faire dans chaque cas ; il en laisse l'appréciation au jugement du chef. Que celui-ci ait donc toujours sous les yeux le but principal, c'est-à-dire l'observation du terrain.

Les sentinelles attendent l'ennemi à leur place ; mais les patrouilles doivent le chercher. Je ne parle ici que des patrouilles *rampantes* (*schleich-patrouillen*).

Ces patrouilles sont les extrémités des tentacules que le chef de la grand'garde allonge du côté de l'ennemi. Leur tâche est ainsi des plus importantes et des plus fécondes en résultats. Elles sont, après les grosses patrouilles (patrouilles de reconnaissance), le seul moyen de s'éclairer sur les desseins de l'ennemi et de connaître le terrain qu'on a devant soi. Qu'on se figure la situation morale du chef des avant-postes qui attend avec anxiété les informations, son désir de savoir où est l'ennemi, quelles troupes il a devant lui, si l'ennemi est actif ou négligent dans son service d'avant-postes, s'il se passe chez lui quelque chose de particulier qui puisse lui donner des indices, etc...

Maintenant, que doit faire le commandant de la grand'garde pour satisfaire aux obligations qui lui sont imposées ?

Il faut, avant tout, qu'il affecte au service des patrouilles mobiles les hommes les plus intelligents de toute sa grand'garde ; il leur donne pour instruction de chercher à connaître la position de l'ennemi dans une direction donnée, dans un terrain déterminé, ses entreprises et ses desseins; d'examiner avec le plus grand soin le terrain qui s'étend entre la grand'garde et l'ennemi, et d'en rendre compte.

Conformément à ces instructions, ces patrouilles s'avancent le plus loin possible, en se cachant et en évitant tout combat. Elles ne se servent de leurs armes à feu que quand il est indispensable d'avertir la grand'garde d'un danger pressant. Il leur arrive aussi quelquefois de pouvoir observer l'ennemi un certain temps sans être vues elles-mêmes. Alors, si le chef de la patrouille juge nécessaire d'observer plus longtemps les mouvements de l'ennemi, il détache immédiatement un homme pour rendre compte de ce qu'il a vu, et continue à observer avec les autres. C'est pour cela que ces patrouilles doivent toujours se composer de trois hommes, et non pour que, s'il y en a deux de tués, il en reste encore un pour donner des informations. Ainsi la patrouille ne doit pas combattre, mais se glisser, voir et rendre compte. La nouvelle la plus importante est nulle si elle n'arrive pas à celui qui doit la recevoir. Les patrouilles rampantes ne doivent pas davantage chercher à faire des prisonniers, à moins qu'elles n'en aient reçu l'ordre spécial. Qu'on réfléchisse qu'un seul coup de fusil jette l'alarme dans tout le système des avant-postes et tient toutes les troupes sous les armes jusqu'à ce qu'on en ait découvert la cause. Je résumerai ainsi : les patrouilles rampantes doivent se glisser, tout voir et tout annoncer, éviter tout combat, et se servir de leurs armes plutôt pour faire des signaux que pour combattre.

Pour compléter mes observations sur l'important service des informations, je répéterai ce que j'ai déjà dit plus haut, à savoir : que toute nouvelle est nulle si elle n'arrive pas à celui qui doit la recevoir. Mais souvent il sera difficile à celui qui porte la nouvelle, par exemple pendant la nuit, — il peut avoir à informer la grand'garde, le repli ou le gros des avant-postes,—de trouver de suite la personne à laquelle il doit s'adresser. Aussi, si le danger est pressant, il doit crier dans le camp : « L'ennemi! l'ennemi! » Alors le plus ancien officier ou sous-officier sait ce qu'il a à faire, et la nouvelle arrive ainsi toujours à temps à qui de droit. Naturellement l'officier de la grand'garde a toujours l'obligation de faire parvenir aussi rapidement que possible toutes les nouvelles importantes au repli et au chef des avant-postes.

D'après certains livres de théorie, les avant-postes doivent se faire éclairer par des patrouilles plus fortes (patrouilles de reconnaissance), auxquelles leur force donne une certaine puissance offensive : cette manière de faire est aussi fausse qu'infructueuse. Une grand'garde s'épuiserait à faire une seule de ces patrouilles, dont elle n'a d'ailleurs pas besoin si elle veut accomplir, dans le meilleur sens et au pied de la lettre, sa tâche, qui est d'observer sans relâche. Le commandant des avant-postes seul peut les ordonner, dans un but spécial, et elles sont fournies par le repli ou par le gros des avant-postes.

Il n'est pas aussi facile qu'on le croit généralement de bien placer une grand'garde, c'est-à-dire de commander avec une troupe donnée un certain espace de terrain. Pour bien se reconnaître dans un terrain et concevoir un plan, il faut de la réflexion et du jugement. Il est inutile de courir de tous les côtés sans but déterminé : que l'officier ne se figure pas que son devoir soit de rester continuellement sur la ligne des sentinelles ; il ne faut pas faire comme certains chefs qui, sous prétexte de zèle, ne sont jamais où ils devraient être, parce qu'ils ne veulent pas qu'on les y trouve. L'officier doit faire, en prenant son service, tout ce qui peut l'éloigner de son soutien ; il appartient ensuite entièrement à ce dernier, qui lui donne encore assez à faire. Le placement des sentinelles exige donc un prompt coup d'œil militaire, de l'habitude et de l'aisance sur le terrain ; il faut également une sérieuse réflexion pour relier entre elles toutes les sentinelles isolées, les postes de sous-officier et les patrouilles fixes. Que l'officier réfléchisse également à ce qu'il devra faire avec sa grand'garde en cas d'attaque de l'ennemi. Toutes ces mesures doivent être combinées le jour, car la nuit il est impossible de s'orienter. Qu'on n'oublie pas qu'une seule sentinelle mal placée peut avoir sur tout l'ensemble l'influence la plus désavantageuse. Bien placer une grand'garde, c'est le meilleur indice qu'un officier puisse donner de son habileté future.

Puisse-t-on reconnaître dans ces considérations sur quelques formes du service en campagne les efforts faits pour concilier l'intelligence avec l'obéissance et la discipline! Le soldat doit toujours obéir; mais tout le monde m'accordera qu'il est plus facile d'obéir à un ordre intelligent qu'à un ordre faux. En développant l'obéissance intelligente, on développe la véritable discipline, l'obéissance par la conviction. L'obéissance par conviction est une vertu militaire, mais le plus haut degré de la discipline consiste dans l'obéissance contre sa propre conviction, dans les efforts faits pour exécuter consciencieusement et gaiement, même contre sa propre manière de voir, l'ordre du supérieur.

Mais cette vertu est aussi difficile que rare; faisons donc tous nos efforts pour donner à tous les ordres qui émanent de nous le cachet du bon sens et de la précision, et pour stimuler l'esprit de discipline par la qualité de l'ordre et par son infaillibilité. L'exécution de chaque ordre bien donné sera un exercice de discipline s'il est bien exécuté, c'est-à-dire avec le concours de toutes les forces physiques et intellectuelles. Si l'on n'arrive pas à ce résultat, si l'on n'obtient qu'une plate exécution de l'ordre, qu'on s'examine soi-même afin de savoir si l'on n'en est pas la cause. On ne peut arriver à cette liberté d'esprit qu'en s'exerçant continuellement. De même que le corps des jeunes gens, l'esprit se développe insensiblement et sans qu'on s'en aperçoive, par le travail intellectuel, et on reconnaît la justesse de la maxime de Frédéric le Grand : « L'esprit est un feu qui s'éteint si on ne l'alimente pas. »

IV. — LE GROUPE DANS LE COMBAT [1]

Avant d'étudier l'esprit du combat actuel, je dois faire ici des considérations en quelque sorte philosophiques sur le *Groupe*. La ligne de tirailleurs, composée de groupes isolés, ne ressemble en rien à l'ancienne ligne de tirailleurs; mais c'est un corps composé de parties indépendantes et d'une organisation beaucoup plus vigoureuse. Qu'on me permette donc une courte digression à ce sujet avant de parler du combat.

Tout, dans ce monde, est un produit de l'époque, et la tendance du présent est de se particulariser en groupes distincts.

L'année 1848 a engendré pour nous un système de groupement bien organisé. Tout aspire à la centralisation. Le principe des nationalités a groupé les peuples; mais ceux-ci se divisent en États; les députés des parlements se divisent en fractions. Allons dans les villes : la société se

(1) Ce quatrième chapitre semble, d'après sa forme et la nature des considérations qu'il renferme, avoir été ajouté après coup par l'auteur. Les trois chapitres précédents renferment ce qui doit être fait; celui-ci montre ce qui se fait en réalité et critique.

(*Note du traducteur.*)

divise en groupes, tandis qu'autrefois « dans le vieux temps » le même casino réunissait tout le monde; les associations agricoles groupent les habitants de la campagne, et les autres classes de la société se forment aussi en groupes qui se réunissent ordinairement chaque année.

Quand on entre dans un salon, on trouve des groupes separés; quand la société se met à table, elle se groupe autour de petites tables, tandis qu'autrefois on se plaçait, avec la rectitude de la tactique linéaire, à une seule grande table présidée despotiquement par un bonnet à rubans noirs posé sur une tête grise inspirant le respect et la crainte. Les communautés ont été supprimées d'un trait de plume; mais une force instinctive pousse les différentes classes à se grouper, et, dans cent ans d'ici, les communautés auront peut-être été rétablies, non par les moyens officiels, mais comme une nécessité intérieure.

Nous aussi, soldats, nous n'avons pu résister à l'entraînement général, et la tactique linéaire a été remplacée chez nous, sans que nous sachions pourquoi, par le système des groupes.

Considérons maintenant le groupe pris en lui-même et dans ses relations avec les autres groupes.

Le groupe est dans la tactique de l'infanterie comme la cellule dans les corps organisés. De même que la réunion de plusieurs cellules forme un corps organique, de même la réunion de plusieurs groupes forme un peloton, une compagnie, un bataillon, une brigade, etc...

Le système des groupes donne de la vie à la tactique, de l'esprit à la forme sèche du règlement parce qu'il donne à chaque partie de l'organisme de l'indépendance et une activité propre.

Voilà tout le secret d'une tactique rationnelle. Les règlements de tous les temps et de tous les peuples, ceux du moins qui sont arrivés jusqu'à nous, prouvent qu'on a en vain cherché la clef de la science militaire ; « lancer au combat de grandes masses d'après une volonté unique, mais en laissant à chaque partie assez de jeu pour qu'elle puisse, en cas de nécessité, agir d'elle-même. » La tactique linéaire ne savait que mouvoir des masses d'après une volonté unique ; les armées françaises de la Révolution n'ont d'abord su que le contraire, le déploiement illimité de l'individualité sans égard pour l'ensemble. Napoléon a réuni les deux dans la tactique qui est arrivée jusqu'à nos jours, et qu'on appelle la tactique des colonnes.

Conservons ces noms de tactique linéaire et de tactique des colonnes.

La première a vécu depuis longtemps, et, à mon avis, la seconde aussi. Jusqu'à l'introduction du système des groupes, la seconde n'était guère supérieure à la première. La colonne était une ligne ployée qui se mouvait à une distance déterminée en arrière de ses lignes de tirailleurs, et qui était presque aussi rigide que l'ancienne *ligne*. Toute la ligne de tirailleurs de la première ligne d'une brigade déployée pour le combat était, par suite du manque de mobilité et d'indépendance de chacune de ses parties, un corps inutile et indocile, incapable, par exemple, de prendre rapidement une nouvelle direction. Je veux bien conserver les deux noms de tactique linéaire et de tactique des colonnes comme consacrés par l'usage et motivés par des formations différentes; mais il me semble que l'introduction du système des groupes crée une nouvelle tactique qui diffère plus de ce qu'on appelle la tactique des colonnes que celle-ci ne diffère de la tactique linéaire.

Pour approfondir notre examen, demandons nous d'abord ce que c'est que le groupe. C'est une troupe (section) de 8 à 10 hommes commandée par un chef. Ce chef, habituellement un sous-officier, représente en quelque sorte un plus haut degré d'intelligence que le simple soldat, et il joue un rôle dans les opérations les plus simples de la tactique; l'étendue de son cercle d'action est parfaitement déterminé et correspond à son rôle : il conduit son groupe à la place qu'il doit occuper dans la ligne, il dirige son feu; au rassemblement, il le reconduit à son peloton. Il agit comme chef pensant d'un corps indépendant ; mais il sait aussi qu'il n'est qu'une partie d'un tout plus grand, sur l'action duquel il doit strictement régler la sienne, (c'est-à-dire qu'il doit se maintenir en communication avec lui), qu'il commet, pour ainsi dire, un crime en se séparant du tout et en manœuvrant pour son compte.

Plusieurs groupes constituent un peloton; plusieurs pelotons, une compagnie etc.., de sorte que la sphère de l'action indépendante croît successivement et proportionnellement. Mais toutes ces fractions n'ont d'importance qu'autant qu'elles se considèrent comme parties d'un tout plus grand et qu'elles ont les unes sur les autres une influence réciproque. Chaque fraction possède ainsi une mobilité qu'elle n'avait jamais eue, et chacun comprendra l'importance tactique de ce résultat.

Parmi tous ces groupes il en est un qui s'est acquis, par la force d'une longue habitude, un cercle d'action beaucoup plus grand que celui qui lui appartient de droit, et qui est sur le point de prendre toute la main, bien qu'on ne lui ait donné que le doigt.

La colonne de compagnie — car c'est elle que je désigne ainsi — est devenue un système dont on a fait, comme le montrent les guerres de 1849, 1864 et 1866, un emploi illimité et condamnable. Elle s'est arrogé autant d'indépendance que si elle était capable, sans aucun secours étranger, de gagner à elle seule des batailles. Un orgueil faux et préjudiciable a fait germer dans beaucoup de têtes l'idée que la colonne de compagnie représentait un corps tactique possédant par lui-même une force offensive et défensive suffisante pour tous les cas qui peuvent se présenter, et était ainsi la véritable unité tactique ; et, en effet, il en a été ainsi jusqu'à un certain point tant que nos fusils à chargement rapide n'ont eu pour adversaires que des fusils lisses. Mais ces temps sont passés, et nous devons d'autant plus nous appliquer à ramener la valeur tactique de la colonne de compagnie à sa juste mesure — c'est-à-dire à celle d'un groupe important dans l'ensemble de la brigade.

Que dirait un capitaine si le groupe qui est immédiatement au-dessous de la compagnie, un peloton par exemple, se séparait de lui, et, poussé par un orgueil aveugle, manœuvrait pour son compte ? Que dirait également un chef de peloton si un sous-officier se détachait avec son groupe sans s'inquiéter davantage de lui ? Cette position est rigoureusement celle du chef de bataillon, quand l'ambition a poussé tous ses capitaines en première ligne, et quand il n'a plus comme réserve que la section du drapeau et la voiture médicale.

Depuis l'adoption de la colonne de compagnie, nous n'avons pas livré un seul combat malheureux; mais cela peut arriver, personne ne le contestera. Qui recueillera alors les troupes repoussées, si l'on n'a gardé ni seconde ligne ni réserve? Où pourront-elles se reformer? Où trouveront-elles un point d'appui?

L'ambition est une vertu chez le militaire quand elle s'unit au jugement, et quand elle sait se soumettre à une volonté supérieure. Prise en elle-même, c'est un vice qui court après des chimères, qui ne se soucie d'aucune volonté supérieure, qui n'obéit qu'à ses aspirations et n'accepte aucune loi étrangère à sa volonté. Mais, si l'ambition obtient quelquefois quelques résultats, la rigoureuse fidélité au devoir lui est supérieure, car elle ne poursuit que des desseins raisonnables et utiles. Aussi, je souhaite aux capitaines une ambition qui s'étende dans les limites qui leur sont assignées, mais pas au delà.

La colonne de compagnie n'est donc qu'une partie d'un tout plus considérable, de même que le peloton et le groupe sont ses sous-fractions.

Le devoir de chaque partie est de se maintenir en communication avec le tout, de soumettre entièrement sa volonté à celle qui dirige toutes les parties. Ainsi, le bataillon n'est qu'un groupe dans la brigade, la compagnie qu'un groupe dans le bataillon, etc. Si l'on veut avoir un nom pour la nouvelle tactique, qu'on l'appelle système ou tactique des groupes.

Celui qui m'objecterait que je veux enlever toute indépendance à la colonne de compagnie prouverait qu'il ne m'a pas compris. Je veux lui donner toute l'indépendance que le règlement lui accorde, et je cherche à l'expliquer clairement à ma manière. Pour le répéter encore une fois, la colonne de compagnie doit être indépendante, mais en ne se considérant toutefois que comme une partie d'un grand tout, et en conservant de justes relations tactiques avec l'ensemble.

Qu'on ne croie pas que ce soit là une tâche facile : elle exige au contraire plus d'intelligence, plus de connaissances tactiques qu'aucune armée, la nôtre exceptée, ne peut en déployer ; et si d'autres armées adoptent purement le système dit des colonnes de compagnie, elles verront où il les conduira avec des chefs insuffisamment instruits.

Pour que cette vérité devienne réalité et application, je désire qu'on donne un enseignement rationnel du service en campagne; qu'on le réduise au minimum, mais qu'on fasse plus d'exercices sur le terrain, de manière que chacun soit bien convaincu que les exercices de service en campagne ne sont que des exercices ordinaires exécutés sur le terrain. Ils seront toujours dirigés en vue d'une idée déterminée, contre un ennemi visible. Je vais essayer de montrer en quelques mots quelles idées préjudiciables, fausses, et cependant inextirpables, engendre la manière dont nous enseignons le service en campagne.

Ordinairement, une compagnie va sur le terrain, se divise en deux parties, et établit deux grand'gardes, — la plupart du temps sans aucune idée arrêtée, — l'une en face de l'autre. Au bout de quelques instants, une de ces grand'-gardes se rassemble et fait contre l'autre une patrouille de reconnaissance : il en résulte un engagement que le signal du « rassemblement » fait bientôt cesser. Qu'on me tire de l'histoire militaire un exemple, — et si par hasard on en trouve un dans la guerre de l'indépendance de l'Amérique du Nord, entre les Anglais et les Peaux-Rouges, ce n'est qu'une exception, et non la règle, — qu'on me trouve, dis-je, un exemple dans lequel une grand'garde se transforme subitement en patrouille de reconnaissance pour en attaquer une autre qui défend un certain terrain. Les grand'gardes sont-elles faites pour combattre ou pour observer?

La grand'garde doit observer un certain terrain et donner des renseignements ; et, si elle est attaquée, elle se retire sur le repli. Les patrouilles de reconnaissances ne sont fournies que par le repli et par le gros des avant-postes; mais jamais on ne transforme une grand'garde en une pareille patrouille. Si, contre mon affirmation et à mon insu, l'histoire de la guerre renferme plusieurs exemples d'un pareil fait, je suis cependant obligé d'enseigner la règle et non l'exception.

Un autre exercice de service en campagne souvent exécuté par la compagnie consiste à marcher sur le terrain en prenant des mesures de sûreté, mais la plupart du temps sans adversaire. Alors on voit la pointe s'enfoncer péniblement dans les fossés inondés de la route, au grand effroi du capitaine d'armes et du cultivateur. Si elle rencontre une maison, un petit bois, etc., elle rend compte en disant qu'elle est trop faible pour reconnaître l'objet. Alors on fait courir en avant une section ou deux, etc.

Je demande s'il nous est arrivé une seule fois de marcher de cette façon dans le grand-duché de Bade, dans le Schleswig ou en Autriche. Pourquoi nous exerçons-nous ainsi? Enfin, la pointe rencontre l'ennemi, et tout respire. Une section se déploie en tirailleurs; mais il est difficile de convaincre les hommes de la pointe et l'homme intermédiaire qu'ils ne sont plus alors que des tirailleurs appartenant à une ligne de tirailleurs; on renforce la ligne; mais l'ennemi s'obstine et ne veut pas reculer : on envoie alors un détachement sur un des flancs. Mais qu'est-ce, pour cette jeune ambition, qu'une simple attaque de flanc? Il pense qu'il doit faire au moins un mouvement enveloppant; et, en avant l'enveloppement! adieu le détachement! on ne le revoit plus; c'est-à-dire jusqu'au signal du rassemblement. Enfin, l'ennemi se décide à se retirer. Cette même manœuvre se renouvelle plusieurs fois avec quelques modifications jusqu'à ce que le dernier hurrah soit suivi du rassemblement. On se repose alors sur les lauriers conquis, sous un chêne ou plus modestement sous un sapin; on déjeune; on fait chanter aux soldats les chants 15 et 16; on revient à la hâte, et on inscrit dans le registre de l'emploi du temps : « Service des marches en campagne. » Le capitaine et les officiers sont enroués à force de crier et de donner des explications, et ils s'accordent tous à dire : « Non! les animaux sont trop stupides! Il nous faut recommencer au moins vingt fois encore! »

Et on recommence. Cela sert-il à quelque chose? J'en doute.

Mais, à mon avis, on peut en finir très-vite avec tout le service en campagne, si, après avoir enseigné les premiers principes aux recrues, on fait exercer deux compagnies l'une contre l'autre. Par exemple, une compagnie suit l'autre en prenant des mesures de sûreté ; celle qui bat en retraite prend position aux endroits qui s'y prêtent ; on passe de la formation de marche à celle de combat. Cette opération se renouvelle une fois ou deux jusqu'à ce que l'assaillant ait atteint son but. Alors les deux compagnies se font couvrir par des avant-postes, ou forment deux grand'-gardes appuyées chacune par un repli ; les officiers demandent le nombre d'hommes qu'ils jugent nécessaire pour garder une certaine étendue de terrain. On s'arrête plusieurs heures dans cette position, et on ne se repose pas avant d'avoir appris complétement par les patrouilles la position de l'ennemi. De pareils exercices doivent durer au moins cinq ou six heures : on y trouve toutes les formes du service en campagne; le service des avant-postes est fait par deux grand'-gardes opposées, ce qui est indispensable; on a aussi un repli qu'on peut transformer en patrouille de reconnaissance pour inquiéter les avant-postes ennemis.

Une autre fois, on fera partir une compagnie qui s'établira sous forme d'avant-postes, et une autre compagnie marchera contre la première; dans ce cas, il n'est pas toujours nécessaire que la compagnie d'avant-postes batte en retraite. Enfin, à chaque exercice doit toujours présider une idée simple : il n'est pas nécessaire qu'elle vienne de la haute Asie avec les Mongols.

On peut, de cette façon, s'exercer rationnellement à toutes les formes du service en campagne, même en n'allant sur le terrain qu'avec une fraction de compagnie.

Par ce genre d'exercices on arrive surtout à ne pas briser les liens tactiques ; à faire commander la compagnie par le capitaine, le peloton par le chef de peloton, le groupe par le sous-officier ; à faire sentir à chaque fraction qu'elle n'est qu'une partie d'un tout, et qu'elle doit se préoccuper des parties voisines. Quand il faut envoyer en avant une pointe ou une patrouille, c'est le chef de groupe qui en est chargé. Si une fraction va au combat, la ligne de tirailleurs est renforcée, comme le prescrit le règlement, d'au moins un groupe (section). Alors on n'entend plus donner des ordres comme : « Deux files par ici ! Une file par là ! » et le chef de groupe conserve son groupe réuni.

Tout le monde doit comprendre qu'en mettant

ainsi de « l'ordre dans les affaires » les exercices sur le service en campagne ne sont plus une course à travers champs, mais des exercices sur le terrain; on conçoit de même que plus le terrain est coupé, plus on doit maintenir d'ordre dans la troupe.

Le système des groupes devient ainsi comme une chaîne dont tous les anneaux se rattachent, conservent une certaine indépendance, mais sans jamais se séparer complétement. C'est le plus haut degré de la force et de la mobilité, chaque élément de la chaîne formant un corps intelligent et indépendant jusqu'à un certain point, tous les éléments obéissant à une volonté unique.

FIN

PUBLICATIONS

DE

LA RÉUNION DES OFFICIERS

EN VENTE

A LA LIBRAIRIE MILITAIRE DE CH. TANERA

Rue de Savoie, 6, à Paris

LES CANONS GÉANTS DU MOYEN AGE ET DES TEMPS MODERNES, par R. Wille, lieutenant de l'artillerie prussienne. Traduit de l'allemand par MM. R. Colard et S. Bouché, lieutenants d'artillerie. 1 v. in-8°. 3 fr.

LES MITRAILLEUSES ET LEUR EMPLOI PENDANT LA GUERRE DE 1870-1871, par Hermann, comte Thürheim, capitaine bavarois. Traduit de l'allemand par E. J. Brochure in-8° . . . . 1 fr. 25

MÉMOIRE SUR LA PERMANENCE DE L'ARMEMENT de défense et sur l'emploi des cuirasses métalliques dans les fortifications d'Anvers, Plymouth et Portsmouth, par le baron Berge, lieutenant-colonel d'artillerie. 1 vol. in-8° avec planches. . . . . 3 fr.

ÉTUDE SUR LE RÉSEAU DE CHEMINS DE FER FRANÇAIS considéré comme moyen stratégique, par L. de Tromenec, capitaine d'artillerie. 1 volume in-8° avec carte. . . . . 2 fr. 50

GUIDE POUR LA PRÉPARATION DES TRANSPORTS de troupes par les chemins de fer, par A. Le Pippre, chef d'escadron d'état-major. 1 vol. in-8° avec planches et carte. . . . . 6 fr.

MANUEL DU SAPEUR D'INFANTERIE. Instruction publiée par le ministère de la guerre italien. Traduit de l'italien par MM. Percin, Grillon et de Lort Sérignan. 1 volume in-12 avec cent planches. . . 4 fr.

Idées sur l'attaque des places fortes. Conférences faites à Berlin par le général-major prince de Hohenlohe-Ingelfingen, d'après l'allemand, par A. Klipffel, capitaine du génie. Brochure in-12. 50 c.

De l'instruction pratique de la compagnie d'infanterie. Brochure in-12. . . . . 50 c.

Considérations sur la guerre des places fortes, 1870-1871. Traduit de l'allemand par Couturier, lieutenant au 55e d'infanterie. Brochure in-12. 1 fr.

Role et tactique de la cavalerie, par Boguslawski. Traduit de l'allemand par M. Couturier, lieutenant au 55e d'infanterie. Brochure in-12. . . . . . 50 c.

Notes sur l'emploi du temps des troupes prussiennes, suivi de quelques considérations générales sur l'armée française, par M. Dally, capitaine au 102e d'infanterie. Brochure in-12. . . . . 50 c.

Des modifications a introduire dans le règlement sur les manoeuvres d'infanterie, par M. Herbinger, capitaine au 101e d'infanterie. Broch. in-12. . 25 c.

Mode d'attaque de l'infanterie prussienne dans la campagne de 1870-1871, par le duc Guillaume de Wurtemberg. Traduit de l'allemand par M. Conchard-Vermeil. Brochure in-12. . . . . 50 c.

La cavalerie de réserve sur le champ de bataille, d'après l'italien, par M. Foucrière, sous-lieutenant au 81e d'infanterie. Brochure in-12. . . . . . 50 c.

Instruction théorique et pratique de l'infanterie, par E. Uffler, capitaine au 93e d'infanterie. Brochure in-12. . . . . 50 c.

De l'instruction militaire dans l'armée (infanterie), par A. Dally, capitaine au 102e d'infanterie. Brochure in-12. . . . . 1 fr.

Questions d'organisation sur la cavalerie, par A. Hocquet, capitaine instructeur du 7e dragons. Brochure in-12. . . . . 1 fr.

De l'équitation dans les régiments de cavalerie en Prusse, par H. de La F. Brochure in-12. . 25 c.

Le pas de l'infanterie, par M. Klipffel, capitaine du génie. Brochure in-12. . . . . 50 c.

Physionomie du combat d'infanterie pendant la guerre de 1870-1871, par Boguslawski. Traduit de l'allemand par M. Couturier, lieutenant au 55e de ligne. Brochure in-12. . . . . 25 c.

Étude théorique sur l'organisation d'un corps d'éclaireurs à cheval, par H. de La F. Broch. in-12. 75 c.

Le service de sureté dans l'armée prussienne. Première étude. — *Surveillance pendant les marches.* — Brochure in-12. . . . . 50 c.

Le service de sureté dans l'armée prussienne. — Deuxième étude. — *Les reconnaissances.* — Brochure in-12. 25 c.

Création de manutentions roulantes pour les quartiers généraux et les divisions en campagne, par M. Baratier, sous-intendant milit. Br. in-12. . 1 fr.

Du service des états-majors, par M. Derrécagaix, capitaine d'état-major. Brochure in-12. . . . 75 c.

Des compagnies de partisans, formation d'une compagnie de partisans dans chaque régiment de ligne, par M. Girard, capitaine d'inf. Broch. in-12. 75 c.

Des soutiens d'artillerie, par M. Herbinger, capitaine adjudant-major au 101e de ligne. Brochure in-12. . . . . 75 c.

Règlement du 24 octobre 1872 relatif au service des hopitaux militaires en Prusse. Traduit de l'allemand par le docteur Morache. Br. in-12. . 25 c.

Des causes et du mécanisme des accidents occasionnés par le maniement du fusil Chassepot, par M. Treille, médecin-major au 3e de spahis. Brochure in-12. . . . . 75 c.

La tactique de l'infanterie, par M. de Beylié, sous-lieutenant au 41e de ligne. Brochure in-12. . 50 c.

Étude et enseignement de la statistique militaire, par M. Chanoine, chef d'escadron d'état-major. Brochure in-12 . . . . 50 c.

Comparaison entre le canon de campagne et la mitrailleuse, par E. Klutschack. Traduit de l'allemand par de La Roque, capitaine d'artillerie. Brochure in-12 . . . . 25 c.

Mémoire sur les fusils se chargeant par la culasse employés dans les armées de Prusse, de France et d'Angleterre, par le capitaine Mervin Drake, instructeur de tir. Traduit de l'anglais par M. de Pina, capitaine de frégate. Brochure in-12. . . . . 75 c.

Mémoire sur la nécessité de créer des écoles de sous-officiers, par M. de Lalobbe, colonel d'état-major. Brochure in-12. . . . . 75 c.

L'Artillerie au siége de Strasbourg en 1870. Notes recueillies par un officier de l'artillerie suisse. Traduit de l'allemand par P. Larzillière. Br. in-12. 1 fr.

L'Artillerie de campagne des grandes puissances européennes et les canons rayés. Traduit de l'allemand par M. Meert, capitaine d'artillerie. Br. in-12. 50 c.

Règlement du 3 aout 1870 sur les exercices de l'infanterie de l'armée royale de Prusse. Traduit de l'allemand par J. Monlezun, lieutenant au 120e régiment d'infanterie. 1 volume in-12 avec figures et planches de musique donnant toutes les sonneries et batteries . . . . 4 fr.

Manuel du soldat. I. Service intérieur.— II. Instruction sur le démontage, le remontage et l'entretien de l'arme. — III. Notions sur le tir du fusil d'infanterie. — IV. Transport des troupes d'infanterie au chemin de fer. — V. Notions d'hygiène. — VI. Service des places. — VII. Service en campagne. 1 volume in-18 cartonné. . . . . 50 c.

2?8 — Paris, Imp. A. Dutemple, rue Bonaparte, 64.

www.ingramcontent.com/pod-product-compliance
Ingram Content Group UK Ltd.
Pitfield, Milton Keynes, MK11 3LW, UK
UKHW020415230726
13925UKWH00004B/1452

9 782014 020908